DIE GEHEIMNISSE DES HIMMELS

Giles Sparrow
James Weston Lewis

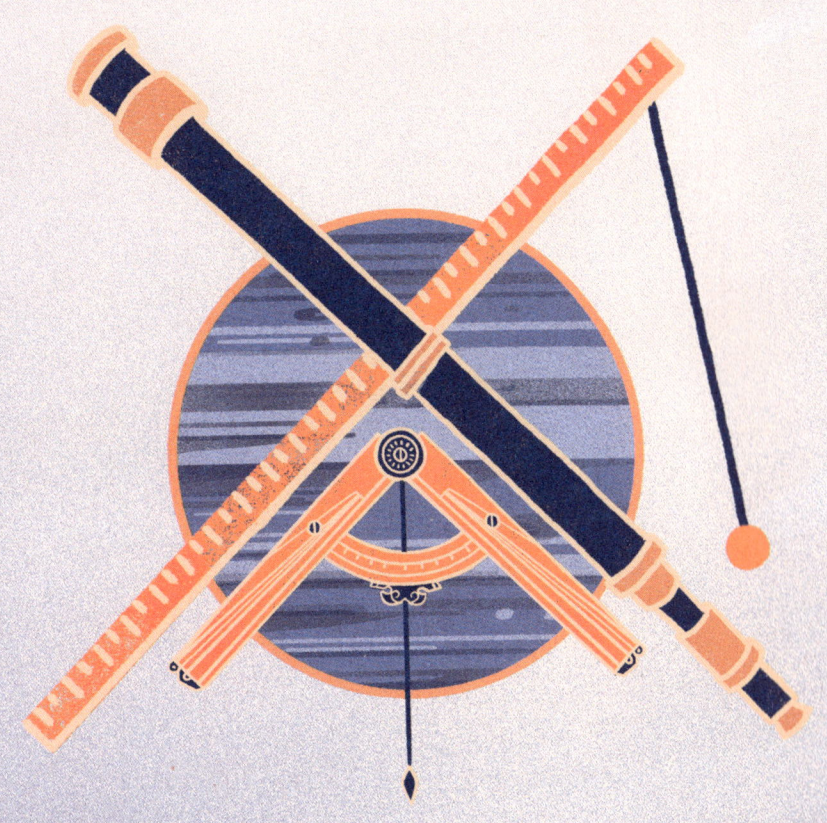

Laurence King Verlag

„In Fragen der Wissenschaft
ist die Autorität von tausend
nicht die bescheidene Argumentation
eines einzelnen Individuums wert.“

Galileo Galilei

INHALT

IM FREIEN FALL

Eines schönen und sonnigen Morgens um 1590, so die Geschichte, versammelte sich in Norditalien eine neugierige Menschenmenge zu Füßen des Schiefen Turms von Pisa. Ganz oben im Turm stand Galileo Galilei, der rebellische Professor für Mathematik der örtlichen Universität. Er hielt zwei Kugeln in der Hand, die beide gleich groß, aber unterschiedlich schwer waren.

Murmelnd beobachtete die Menge, wie er die Kugeln fallen ließ. Jeder wusste, dass sie je nach ihrem Gewicht unterschiedlich schnell zu Boden fallen würden – das hatte schließlich der berühmte, seit 2.000 Jahren unbestrittene Gelehrte Aristoteles so gesagt. Und doch …

BÄM!

… schlugen die beiden Kugeln genau im selben Moment auf dem Boden auf. Damit war Galileos revolutionäre Theorie, dass die Schwerkraft der Erde auf alle Objekte unabhängig von ihrem Gewicht in gleicher Weise einwirke, bestätigt – und Aristoteles' Lehre hatte einen tödlichen Schlag erlitten, der nicht weniger als eine wissenschaftliche Revolution in Gang setzen würde.

Heute halten Experten Galileos Experiment auf
dem Schiefen Turm nur für eine Geschichte,
die lange nach seinem Tod erfunden wurde.
Aber warum erzählen die Menschen dann noch
Jahrhunderte später Mythen über ihn?
Vielleicht, weil Galileo schon zu Lebzeiten für
viel Aufsehen sorgte – er löste eine Revolution
aus, forderte Autoritäten heraus und riskierte
sein Leben.

Aber eigentlich beginnt Galileos Geschichte
viel früher als im 16. Jahrhundert – schließlich
war die Menschheit schon immer von den
Geheimnissen des Himmels fasziniert ...

DIE GEHEIMNISSE DES HIMMELS

Unsere prähistorischen Vorfahren blickten zu den Sternen und entdeckten dort Muster, die sie zu Geschichten und Höhlenmalereien inspirierten, die bis heute Bestand haben.

Wir nennen diese Muster Sternbilder und sehen sie genauso wie früher unsere Vorfahren. Der Himmel steht aber nie still – die Sonne, der Mond und die Sterne gehen im Osten auf und im Westen unter und bewegen sich jeden Tag über den Himmel.

Skorpion

Stier

Löwe

Orion

Die frühen Sterndeuter wussten nicht, dass die Erde sich bewegte, also schlossen sie daraus, dass der Himmel an einem sich drehenden Himmelskreis angebracht sei, in dessen Zentrum unbeweglich die Erde säße.

Spätere nächtliche Beobachter ahnten jedoch, dass das so einfach nicht sein könne, da sich nicht jedes Objekt am Himmel auf dieselbe Weise bewegte. Der Mond veränderte seine Form und bewegte sich jede Nacht durch die Sternbilder, während die Sonne ein Jahr brauchte, um eine feste Abfolge von Sternbildern zu durchlaufen, den sogenannten Tierkreis. Auch andere Objekte sahen aus wie helle Sterne, bewegten sich aber auf komplizierteren, schleifenförmigen Bahnen durch den Tierkreis. Die Astronomen im antiken Griechenland nannten diese Objekte „Planeten", was so viel wie „Wanderer" bedeutet.

Es dauerte Tausende von Jahren, um diese seltsamen Bewegungen zu enträtseln, doch das war dann der Schlüssel zum Verständnis unseres wahren Platzes im Universum.

NERGAL oder MARS

MARDUK oder JUPITER

Ischtar oder VENUS

Die ersten Astronomen waren auch Astrologen – sie glaubten, dass Himmelskörper das Leben auf der Erde beeinflussten.

Aufgrund ihrer vermeintlichen Macht wurden die Planeten mit Göttern in Verbindung gebracht. Die Sterndeuter von Mesopotamien, einer antiken Region im heutigen Nahen Osten, benannten die hellsten Planeten nach Nergal, dem Gott des Krieges, nach Marduk, dem König der Götter, und nach Ischtar, der Göttin der Liebe. Die römischen Astronomen behielten diese Vorstellung bei, benannten die Planeten aber nach ihren Göttern: Nergal wurde zu Mars, Marduk zu Jupiter und Ischtar zu Venus.

Die meisten Menschen glaubten nicht, dass die Planeten Götter waren, aber viele dachten, dass ihre Bewegungen verrieten, was die Götter vorhatten. Starb zum Beispiel ein König gewaltsam in einer Schlacht, während Nergal und Marduk nah aneinander vorbeizogen, überlegte es sich sein Nachfolger vielleicht zweimal, genau dann einen neuen Krieg anzuzetteln, wenn die beiden Planeten das nächste Mal aufeinanderträfen.

Die Bewegungen der Planeten vorherzusagen, wurde daher sehr wichtig – sie jedoch richtig vorherzusagen, stellte sich als knifflige Angelegenheit heraus. Statt geradlinigen Bahnen am Himmel zu folgen, vollzogen sie oft seltsame, geheimnisvolle Schleifen, die schwer zu erklären waren. So blieben Merkur und Venus immer in der Nähe der Sonne, während Jupiter, Saturn und Mars den ganzen Himmel umkreisten. Aber wie ließ sich dieses Rätsel erklären?

Die alten Griechen folgten einem ganz anderen
Ansatz, um das Universum zu verstehen. Denker,
Philosophen genannt, glaubten, dass sich Planeten
und Sterne nach Naturgesetzen bewegten, die nur
noch nicht entdeckt worden seien.

Viele Philosophen dachten, dass die beste Methode,
die Regeln dieser Gesetze zu entdecken, die Debatte
sei: indem man sich jede denkbare Möglichkeit
vorstellte, wie das Universum funktionieren könnte,
und dann darüber stritt, welche wohl die beste sei.
Ein Gelehrter verfolgte jedoch einen anderen Ansatz
…

Aristoteles lebte im 4. Jahrhundert v. Chr. und studierte alles, von der Ethik über die Botanik bis zur Zoologie. Bevor er sich dem Sonnensystem zuwandte, unterrichtete er sogar Alexander den Großen! Aristoteles zeichnete sich dadurch aus, dass er an ein Studium der realen Welt glaubte und danach erst Theorien aufstellte, die zu dem passten, was er beobachtet hatte. Er wird oft als der erste echte Wissenschaftler der Geschichte bezeichnet.

Aristoteles stellte sich die Erde als perfekte Kugel im Zentrum des Universums vor, die von mehreren hohlen, transparenten Sphären umgeben war, die sich alle stetig drehten. Stell dir eine Zwiebel vor, die einen zentralen Kern hat, um den sich viele Schichten legen. Der Mond saß in der Schicht, die der Erde am nächsten war, es folgten Merkur, Jupiter, Saturn und eine letzte äußere Schicht mit den Sternen. Aristoteles' Überlegungen waren schlicht, elegant – und falsch.

Obwohl Aristoteles großen Einfluss genoss, dauerte es nicht lange, bis die Sterndeuter realisierten, dass seine Überlegungen die Bewegungen der Planeten nicht sehr gut vorhersagten. Seine Theorie musste überarbeitet werden.

Claudius Ptolemäus lebte im 2. Jahrhundert in Alexandria, an der Nordküste Ägyptens. Alexandria war ein Schmelztiegel der Kulturen – ursprünglich von Alexander dem Großen gegründet, einem Schüler von Aristoteles, galt sie zu Ptolemäus' Zeiten neben Rom als bedeutendste Stadt des römischen Reiches. Die Menschen kamen von nah und fern, um Alexandrias großartige Bibliothek zu besuchen, die das Wissen der ganzen Welt versammelte.

Ptolemäus verdichtete all dieses Wissen in seinen Büchern. Sein Meisterwerk, der Almagest, verzeichnete alle Sternbilder und bot eine neue Erklärung für die Bewegung der Planeten. Ptolemäus heftete an Aristoteles' Sphären kleinere, sich drehende Bahnen an, sodass sich jeder Planet auf seiner Bahn bewegte und gleichzeitig von Aristoteles' größeren Sphären getragen wurde. Ptolemäus' Theorie ermöglichte es zu erklären, warum einzelne Planeten manchmal auch rückwärts über den Himmel zu ziehen schienen.

Ptolemäus' Vorstellungen verbreiteten sich wie ein Lauffeuer und wurden in Indien, Persien, der islamischen Welt und im mittelalterlichen Europa studiert. Aber bald schon braute sich Ärger zusammen ...

GÖTTLICHES DENKEN

Das Römische Reich beherrschte Hunderte von Jahren Europa und den Nahen Osten und sorgte für die Verbreitung der Theorien von Gelehrten wie Aristoteles und Ptolemäus, doch im 5. Jahrhundert zerfiel es. Die antike Wissenschaft war für Westeuropa verloren, während die römisch-katholische Kirche immer mächtiger wurde.

Ptolemäus' und Aristoteles' Theorien schienen die biblische Schöpfungsgeschichte zu stützen. Zum Beispiel heißt es in der Bibel, Gott habe erst die Welt erschaffen und dann die Sonne und den Mond, um über den Tag und die Nacht zu herrschen. Ebenso beschreibt sie, wie die Sonne über den Himmel wandert. Die Bibel infrage zu stellen, war gefährlich – man konnte dafür aus der Kirche ausgeschlossen oder sogar getötet werden.

Das war jedoch nicht überall so. Als sich der Islam ab 634 n. Chr. im Nahen Osten ausbreitete, sammelten islamische Gelehrte eifrig Schriften aus Griechenland, dem Römischen Reich und anderen Ländern, um sie zu verbessern.

Die islamische Astronomie blühte auf. Neue Instrumente zur Vermessung der Positionen von Sternen und Planeten wurden erfunden, wie das Astrolabium, das im 10. Jahrhundert von Mariam al-Asturlabi perfektioniert wurde. Die Messungen stellten Ptolemäus' geozentrisches Weltbild infrage, und über die Jahrhunderte sickerte dieser kritische Ansatz zurück nach Europa. Die Renaissance (die Wiedergeburt der Antike) setzte ein, und Kunst und Wissenschaft trieben neue Blüten.

VERÄNDERUNGEN AM HIMMEL

Um 1450 verbreitete sich die Nachricht einer bemerkenswerten neuen Erfindung – ein Deutscher namens Johannes Gutenberg hatte eine Maschine erfunden, die Bücher schnell und günstig druckte. Neue Ideen konnten sich nun viel weiter und schneller verbreiten als je zuvor.

Schon bald erschienen gedruckte Zusammenfassungen von Ptolemäus' Almagest, und um 1496 fiel eine davon in die Hände eines jungen polnischen Priesters. Nikolaus Kopernikus war fasziniert von Ptolemäus' Theorien, doch als er die Sterne und Planeten selbst betrachtete, entdeckte er, dass sie sich oft nicht so bewegten, wie er erwartet hatte.

Im Jahr 1514 schrieb Kopernikus ein Buch, das er einigen vertrauenswürdigen Freunden schickte. Darin legte er dar, wie die Bewegungen der Planeten erklärt werden könnten, wenn die Sonne im Zentrum des Universums stünde und die Erde einer von sechs Planeten wäre, die die Sonne umkreisen. Das würde auch erklären, warum Venus und Merkur näher an der Sonne waren und sich nie weit von ihr entfernten, während sich Mars, Jupiter und Saturn weiter draußen rückwärts zu bewegen schienen, wenn die sich schneller bewegende Erde sie überholte.

Kopernikus blieb aber auf Kirchen-Kurs, indem er sagte, dass seine Ideen lediglich eine Möglichkeit seien, die Bewegungen der Planeten vorherzusagen, aber keine Beschreibung der Wirklichkeit. Um jedoch ganz sicher zu sein, ließ er seine vollständige Theorie erst drucken, als er auf dem Sterbebett lag.

DER JUNGE AUS PISA

Im November 1572 starrten die Menschen in ganz Europa voller Angst und Verwunderung in den Nachthimmel. Ein strahlender Stern war im Sternbild der Kassiopeia erschienen und überstrahlte alles außer den Mond. Was hatte das zu bedeuten? Herzöge und Königinnen eilten zu ihren Hof-Astrologen, während die Menschen auf der Straße vom Ende der Welt raunten.

In der norditalienischen Stadt Pisa schaute ein achtjähriger Junge namens Galileo Galilei wahrscheinlich von seinem Schlafzimmer zum neuen Stern hinauf, der über den dicht gedrängten Dächern der Stadt leuchtete. Es wäre schließlich sehr untypisch für diesen wissbegierigen Jungen gewesen, etwas so Aufregendes zu verpassen.

Galileo lebte bei einem Kaufmann namens
Muzio Tedaldi, denn seine Eltern
Vincenzo und Giulia waren zu Beginn des
Jahres nach Florenz gezogen.

Der Junge verbrachte seine Tage damit,
Modelle und Miniaturmaschinen zu
bauen – er liebte es, die Welt um sich
herum zu erforschen. Muzio wunderte
das nicht, Galileos Vater Vincenzo war ein
berühmter Lautenspieler und ebenfalls
sehr wissbegierig. Er hatte sich einen
Namen gemacht, indem er Theorien auf
dem Gebiet der Musik überprüfte und oft
bewies, dass sie falsch waren.

19

EIN GENIALER ERFINDER

Im Jahr 1581 begann der 17-jährige Galileo sein Studium an der Universität von Pisa. Vincenzo hoffte, dass sein kluger Sohn Arzt würde.

Doch Galileos Gedanken schweiften oft ab. Eines Tages, als er in der Stille des weitläufigen Doms von Pisa saß, bemerkte er eine Lampe mit süß duftendem Weihrauch, die in einem vollkommenen Rhythmus hin und her pendelte.

Fasziniert fand er schnell heraus, dass der Rhythmus eines schwingenden Gewichts, Pendel genannt, nur von der Länge der Schnur abhängt, die es trägt. Daraufhin erfand er ein Gerät, das mit einem Pendel den Pulsschlag eines Menschen zu messen vermochte.

Galileo hatte seine Berufung gefunden und bat seinen Vater, ihm einen Mathelehrer zu bezahlen. Er lernte schnell, und mit 25 Jahren wurde er zum Professor ernannt.

Schon bald wechselte er auf eine besser bezahlte Stelle an
der Universität von Padua und verdiente zusätzliches Geld,
indem er neue Maschinen und Messgeräte erfand, die er
herstellte und verkaufte.

Wasserpumpe
Ermöglichte es, mit der
Unterstützung eines Pferdes
Wasser zur Bewässerung der
Felder aus dem Boden zu
pumpen.

Hydrostatische Waage
Ermöglichte es Juwelieren, das
Verhältnis von Gold und Silber
in einem Objekt zu bestimmen.

Thermoskop
Zeigte anhand der Höhe
einer Wassersäule an, wie
warm oder kalt es war.

Militärischer Kompass
Erlaubte die exakte
Messung des
Schusswinkels und der
Reichweiten von
Kanonen.

DAS TELESKOP

Im Jahr 1606 war Galileo 45 Jahre alt und wurde immer wieder von gesundheitlichen Problemen geplagt. Die Arbeit in Padua brachte immer noch nicht genug Geld ein, zumal Galileo nun eine Frau und drei kleine Kinder zu versorgen hatte.

Doch in diesem Jahr verbreitete sich die Nachricht von einer wundersamen Erfindung aus den Niederlanden. Ein deutsch-holländischer Brillenmacher, Hans Lipperhey, hatte herausgefunden, dass er, wenn er eine gekrümmte Glaslinse an jedes Ende einer einfachen Röhre setzte, ein viel stärker vergrößertes Bild erzeugen konnte, als es nur eine einzelne Linse könnte.

Das Okular

Okularlinsen lassen das Objekt sehr viel näher erscheinen, weil sie das in das Teleskop einfallende Licht auf eine größere Fläche der Netzhaut des Auges verteilen.

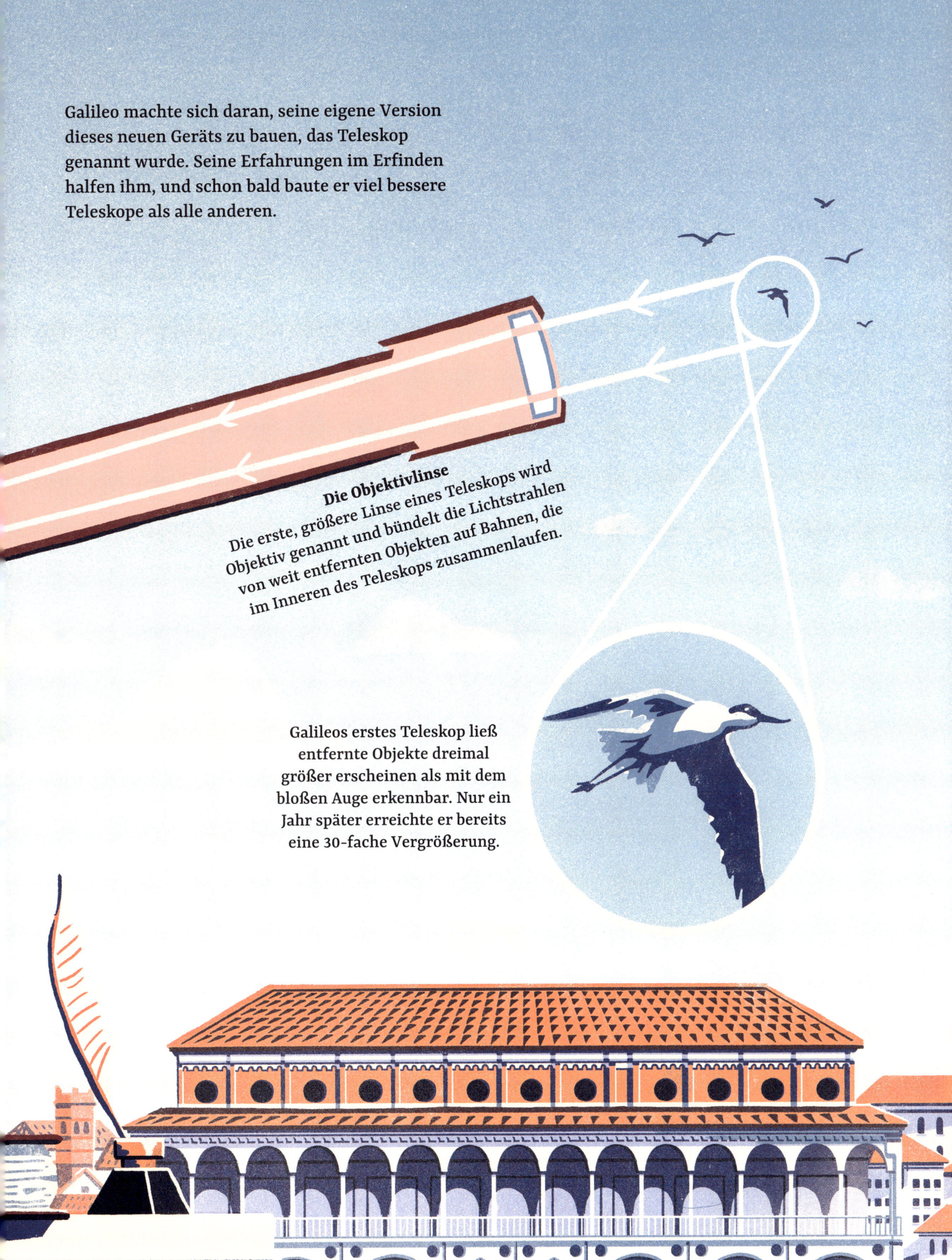

Galileo machte sich daran, seine eigene Version dieses neuen Geräts zu bauen, das Teleskop genannt wurde. Seine Erfahrungen im Erfinden halfen ihm, und schon bald baute er viel bessere Teleskope als alle anderen.

Die Objektivlinse
Die erste, größere Linse eines Teleskops wird Objektiv genannt und bündelt die Lichtstrahlen von weit entfernten Objekten auf Bahnen, die im Inneren des Teleskops zusammenlaufen.

Galileos erstes Teleskop ließ entfernte Objekte dreimal größer erscheinen als mit dem bloßen Auge erkennbar. Nur ein Jahr später erreichte er bereits eine 30-fache Vergrößerung.

DAS WEIT-BLICKENDE AUGE

Galileo erkannte, dass sein neues Gerät die Antwort auf seine Geldsorgen sein könnte. 1609 nahm er daher sein Teleskop mit nach Venedig. Der Seehandel hatte die Stadt reich und mächtig gemacht, ihre Bewohner lebten dennoch in Angst vor den Angriffen der Türken. Die Stadt wäre sicher sehr an seinem Angebot interessiert.

Er lud die Stadtoberen in den Glockenturm des Markusdoms ein. Dort enthüllte er ein Teleskop mit achtfacher Vergrößerung, das es ermöglichte, sowohl Handelsschiffe als auch Angreifer auszumachen, die noch weit draußen auf dem Meer waren. Das wiederum ermöglichte es, Vorbereitungen zu treffen oder Maßnahmen für einen Gegenangriff zu ergreifen.

Die Venezianer waren begeistert – sie verdoppelten Galileos Gehalt in Padua und entlohnten ihn großzügig für das Fernrohr.

DER STERNENBOTE

Ab Ende 1609 richtete Galileo sein Fernrohr gen Himmel. Er hatte sich seit 1604 nebenbei mit Astronomie beschäftigt, als ein neuer strahlender Stern, eine Nova – ähnlich der in seiner Kindheit – am Himmel erschienen war. Galileo hatte Vorlesungen über die Nova gehalten und dargelegt, dass sie ungeheuer weit von der Erde entfernt sein müsse.

Aristoteles, Ptolemäus und die katholische Kirche hatten alle behauptet, dass der Himmel zur vollkommenen Schöpfung Gottes gehöre und sich niemals verändern könne, aber Galileos Erkenntnisse über die Nova besagten etwas anderes. Und als er durch sein Teleskop schaute, fand er sogar noch mehr Anzeichen für Veränderungen …

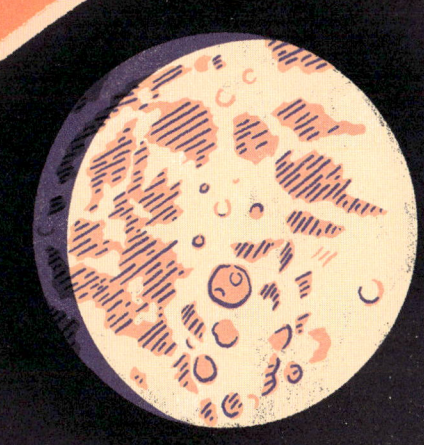

Der Mond wies eine unebene Oberfläche mit tiefen Kratern und sehr hohen Gebirgen auf, die Schatten warfen.

Alle Sternbilder waren voller schwach glühender Sterne, und das blasse Band der Milchstraße bestand aus Sternwolken.

Der Jupiter war eine Kreisscheibe, kein Lichtpunkt, und hatte selbst vier Monde, die ihn umkreisten.

Der Saturn hatte seltsame Beulen auf jeder Seite (sein Teleskop war nicht stark genug, um zu zeigen, dass das eigentlich Ringe waren).

Die Venus sah manchmal aus wie eine kleine Scheibe und manchmal wie eine viel größere Sichel.

Galileo beschrieb einige seiner Entdeckungen in einem Buch mit dem Titel *Der Sternenbote*. Die Menschen bezweifelten seine Behauptungen zuerst, aber als die Teleskope immer besser wurden, kam man nicht mehr um die Wahrheit herum, und Galileo wurde berühmt.

FREUNDE UND FEINDE

Seine Entdeckungen überzeugten Galileo davon, dass Kopernikus' Theorie eines Universums mit der Sonne in dessen Zentrum richtig sein musste. Die Monde des Jupiter bewiesen, dass sich nicht alles um die Erde drehte, und die sich verändernde Form der Venus machte nur Sinn, wenn die Venus um die Sonne kreiste. Das führte Galileo jedoch auf gefährliches Terrain – denn einflussreiche Gelehrte, die sich Jesuiten nannten, hatten ihren guten Ruf auf Aristoteles' Lehren aufgebaut.

Galileo kehrte nach Pisa zurück und wurde vom Großherzog der Toskana, Cosimo II. de' Medici, zum Hofmathematiker ernannt. Die Dinge schienen zunächst gut zu laufen. Galileo nahm sein Teleskop mit nach Rom und beeindruckte die Jesuitenführer. Außerdem fand er Verbündete, wie den Edelmann Federico Cesi und die Literatin Margherita Sarrocchi.

Doch als Galileo mehr zu schreiben begann, schoss er schnell übers Ziel hinaus. 1613 veröffentlichte er Briefe, in denen er seine Entdeckung von dunklen Flecken auf der Sonne beschrieb – und in denen er den Fehler beging darzulegen, wie seine Arbeit das kopernikanische Weltbild unterstützte.

IN DEN FÄNGEN DER INQUISITION

Christliche Gelehrte begannen, Galileos Ansichten anzugreifen. Die meisten Katholiken jener Zeit legten die Bibel sehr wörtlich aus, weshalb es viel Streit um die genaue Bedeutung jedes einzelnen Satzes gab.

1615 schrieb Galileo einen Brief, in dem er erklärte, wie Bibelstellen, die eine Bewegung der Sonne nahelegten, mit den kopernikanischen Lehren in Einklang gebracht werden könnten. Die christlichen Gelehrten waren empört – wie konnte ein Mathematiker wagen zu behaupten, er verstünde die Bibel besser als sie?

Galileo wurde nach Rom zu einem Prozess vor einem religiösen Gericht, der Inquisition, gerufen. Es stand viel auf dem Spiel, denn für Ketzerei konnte man hingerichtet werden. Zum Glück hatte Galileo mächtige Freunde innerhalb der Kirche, die ihm zustimmten, dass seine Erkenntnisse und die Bibel nicht unbedingt im Widerspruch zueinander stehen mussten.

Das Verfahren endete mit einem Kompromiss. Galileo durfte das heliozentrische Weltbild nicht länger als Wahrheit lehren, durfte es aber weiter in seine wissenschaftlichen Überlegungen einbeziehen.

DER GEFÄHRLICHE *DIALOG*

Die nächsten Jahre hielt sich Galileo von der Astronomie fern, geriet aber immer wieder in Auseinandersetzungen. Im Jahr 1623 schrieb er ein Buch, in dem er seinen Ansatz, die Welt mittels Experimenten und Mathematik verstehen zu wollen, detailliert darlegte. Angriffe wie diese brachten die jesuitischen Gelehrten noch mehr gegen ihn auf, aber glücklicherweise war der neue Papst, Urban VIII., einer seiner Unterstützer.

Der Papst gab dem Buch sein Gütesiegel, und als Galileo ihn besuchte, ermutigte er ihn, mehr über die Natur des Universums zu schreiben. Davon inspiriert, begann Galileo an einem Buch mit dem Titel *Dialog über die beiden hauptsächlichsten Weltsysteme* zu arbeiten.

Darin stellte er sich vor, wie ein kopernikanischer und ein aristotelischer Philosoph versuchen, eine dritte Person davon zu überzeugen, dass ihre jeweilige Theorie die beste sei. Er vermied es zwar, die kopernikanische Sicht als die richtige darzustellen, konnte aber nicht widerstehen, den aristotelischen Philosophen wie einen Trottel dastehen zu lassen.

Als der *Dialog* im Jahr 1632 veröffentlicht wurde, musste Galileo feststellen, dass er viele mächtige Freunde beleidigt hatte, darunter den Papst selbst. Und die Inquisition drohte, Galileo in Ketten nach Rom zu schleifen, falls er sich nicht aus freien Stücken erklärte …

DER PROZESS

Anfang 1633 stand der 69-jährige Galileo wieder einmal vor Gericht. Er wurde ganze fünf Monate verhört, doch selbst unter Androhung von Folter leugnete der gebrechliche, unerschütterliche Mann behauptet zu haben, dass das kopernikanische Weltbild wahr sei.

Er kämpfte einen aussichtslosen Kampf – die Art, wie der *Dialog* geschrieben war, ließ keinen Zweifel an seiner wahren Überzeugung, und Galileo sah sich gezwungen zuzugeben, dass das Buch ein heliozentrisches Universum befürwortete.

Galileo wurde zu lebenslanger Haft verurteilt, die jedoch in lebenslangen Hausarrest umgewandelt wurde. Der *Dialog* wurde im gesamten katholischen Europa verboten – sowie alles andere, was er in Zukunft schreiben würde. Das Schlimmste jedoch war, dass er gezwungen wurde, öffentlich zu widerrufen, dass sich die Erde um die Sonne drehte.

Gab Galileo letzten Endes seine Überzeugungen auf? Das weiß niemand mit Sicherheit, doch schon bald sollte die Legende entstehen, dass er nach einer letzten, schicksalhaften Rede vor Gericht „Und sie bewegt sich doch!" geflüstert haben soll.

UND SIE BEWEGT SICH DOCH!

Im Jahr 1633 kehrte Galileo in seine Villa in den Hügeln vor den Toren von Florenz zurück, wo er den Rest seines Lebens verbringen sollte. Seine letzten Jahre verbrachte er in Arbeit versunken und veröffentlichte 1638 sein letztes Buch, die *Discorsi*. Das Buch musste zur Veröffentlichung nach Holland geschmuggelt werden, aber es hatte einen großen Einfluss – Galileo erbrachte darin den Beweis für seine Gesetze des freien Falls, die er so viele Jahre zuvor erstmals in Pisa untersucht hatte, und legte damit den Grundstein für die Gravitationslehre.

Im selben Jahr erblindete Galileo – er würde nie wieder die Sterne sehen. Er blieb aber weiter beschäftigt, empfing Besucher, diskutierte neue Entdeckungen und sah die Möglichkeit, Zeit mithilfe einer Pendeluhr zu messen.

Galileo starb im Januar 1672 im Alter von 77 Jahren. Der Großherzog plante, ihn in der prachtvollen Kirche Santa Croce in Florenz in allen Ehren zu bestatten, aber der Papst intervenierte – einen verurteilten Ketzer so prominent zu begraben, kam nicht infrage. Stattdessen wurde Galileo in einer der Kapellen anonym beigesetzt.

DIE GESCHICHTE
HINTER
DER GESCHICHTE

Heute gilt Galileo als Held der Wissenschaft. Sein furchtloser Kampf gegen traditionelle Auffassungen und seine mathematischen Fähigkeiten stellen ihn an die Spitze einer wissenschaftlichen Revolution, die unsere moderne Welt geprägt hat. Die Auseinandersetzung mit Galileo untergrub den Anspruch der Kirche auf die Deutungshoheit des Universums und befreite die Wissenschaft aus ihrem Korsett.

1737 wurde Galileos Grab mit Inschrift ins Hauptschiff von Santa Croce verlegt. Ein Jahrhundert voller Entdeckungen hatte beweisen, dass seine Überlegungen im Wesentlichen richtig waren – auch wenn sich das Sonnensystem als komplexer herausstellte, als er vermutet hatte.

Während der Umbettungszeremonie wurden heimlich einige Reliquien seiner Überreste entnommen. Sein prunkvolles neues Grabmal stellt den Astronomen in den Himmel blickend dar, ein Teleskop in der einen, ein Buch in der anderen Hand, flankiert von zwei Figuren, die die Astronomie und die Geometrie darstellen – er wird also eher wie ein Heiliger denn wie ein Ketzer behandelt.

Trotzdem zögerte die Kirche noch lange, ihren Fehler einzugestehen und das Verbot von Galileos Lehren zurückzunehmen. Erst 1992, über 400 Jahre später, entschuldigte sich Papst Johannes Paul II. formell für die Verurteilung Galileos durch die Kirche.

IN GALILEOS FUSSSTAPFEN

Galileo sah vor über 400 Jahren zum ersten Mal durch ein Teleskop. Seitdem haben Generationen von Wissenschaftlern ein Universum entdeckt, das komplexer ist, als er es sich je erträumt hätte.

BENJAMIN BANNEKER
Berechnete die Bewegungen von Sonne, Mond und Planeten mit großer Präzision und veröffentlichte diese ab 1792 in seinen Almanachen.

FRIEDRICH BESSEL
Zeigte 1883 anhand der Bewegung der Erde um die Sonne, dass andere Sterne viele Lichtjahre (viele Billionen Kilometer) von der Erde entfernt sind.

WILHELM UND CAROLINE HERSCHEL
1784-85 kartierten die Geschwister das Muster der Sterne am Himmel und fanden die grobe Form unserer Milchstraßengalaxie heraus.

JAMES BRADLEY
Entdeckte um 1725, dass sich der Winkel des Sternenlichts, das die Erde erreicht, im Jahresverlauf ändert – was beweist, dass wir um die Sonne kreisen.

ISAAC NEWTON
Führte 1687 Galileos Überlegungen über die Bewegung von Objekten fort und erklärte die Umlaufbahnen von Planeten und Mond mit den Gesetzen der Gravitation.

ANNIE JUMP CANNON
Maß zu Beginn des 20. Jahrhunderts das Sonnenlicht auf eine Weise, die dazu beitrug, mehr über die Größe, Temperatur und Helligkeit entfernter Sonnen zu erfahren.

STEPHEN HAWKING
Erforschte knapp 300 Jahre nach Galileos Tod die Schwerkraft sowie Anfang und Ende des Universums.

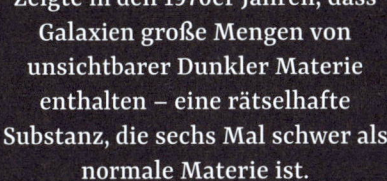

ALBERT EINSTEIN
Entwickelte auf der Basis von Galileos Grundprinzipien seine berühmte Relativitätstheorie, die sich mit der Struktur von Raum und Zeit und mit der Gravitation beschäftigt.

VERA RUBIN
Zeigte in den 1970er Jahren, dass Galaxien große Mengen von unsichtbarer Dunkler Materie enthalten – eine rätselhafte Substanz, die sechs Mal schwer als normale Materie ist.

HENRIETTA SWAN LEAVITT
Entdeckte 1912, wie man die tatsächliche Helligkeit von Sternen über große Entfernungen bestimmte – was der Schlüssel zur Vermessung des restlichen Universums war.

KATHERINE JOHNSON
Wendete in den 1950er und 1960er Jahren die Gesetze der Schwerkraft an, um Flug- und Umlaufbahnen um die Erde für die ersten US-Astronauten zu berechnen.

EDWIN HUBBLE
Nutzte in den 1920er Jahren Leavitts Entdeckung, um zu zeigen, dass andere Galaxien Millionen von Lichtjahren entfernt jenseits der Milchstraße liegen und sich das Universum mit enormer Geschwindigkeit ausdehnt.

GEORGES LEMAÎTRE
1927 vermutete dieser katholische Priester, dass das Universum in der fernen Vergangenheit bei einer gewaltigen Explosion entstand: dem Urknall.

DEN STERNEN ZUM GREIFEN NAH

Die Teleskope, mit denen Galileo den Himmel betrachtete, waren nur der Anfang. Heute verwenden Astronomen Instrumente, die viel größer sind, als er es sich je hätte vorstellen können, um das Licht der Sterne einzufangen und ihre Geheimnisse zu lüften.

Während Galileos Teleskope noch mit Linsen arbeiteten, kommen in den meisten der heutigen Giganten riesige gebogene Spiegel zum Einsatz, die das Licht bündeln und in Kameras und andere Geräte leiten, die es untersuchen können. Das größte Teleskop der Welt wird derzeit in Chile gebaut und hat einen Hauptspiegel mit einem Durchmesser von 39,3 m – das ist größer als ein Tennisplatz. Es bündelt 10 Millionen Mal mehr Licht als das menschliche Auge.

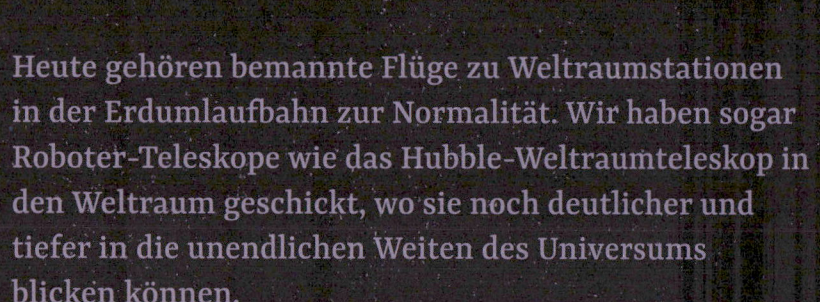

Heute gehören bemannte Flüge zu Weltraumstationen in der Erdumlaufbahn zur Normalität. Wir haben sogar Roboter-Teleskope wie das Hubble-Weltraumteleskop in den Weltraum geschickt, wo sie noch deutlicher und tiefer in die unendlichen Weiten des Universums blicken können.

Die Raumsonde Galileo umkreiste acht Jahre lang den Jupiter und veränderte mit ihren Bildern, die sie auf die Erde zurückschickte, unser Verständnis von diesem Riesenplaneten und seinen vier großen Monden, die Galileo selbst entdeckt hatte.

Unsere Roboter-Raumsonden sind zu den Planeten und Monden gereist, die Galileo durch sein Teleskop gesehen hat, und haben uns atemberaubende Bilder zurück auf die Erde geschickt. Und jetzt sind einige dieser Robotersonden sogar jenseits unseres Sonnensystems unterwegs und tragen Botschaften der Menschen bis zu weit entfernten Sternen.

WIE DAS SONNENSYSTEM WIRKLICH FUNKTIONIERT

Kuipergürtel

Der Kuipergürtel ist eine Region außerhalb der Neptunbahn und beheimatet eisige Zwergplaneten.

Neptun

Mars

Erde

Sonne

Venus

Merkur

Von den vier kleinen Gesteinsplaneten, die in der Nähe der Sonne kreisen, ist die Erde der kleinste.

Merkur und Venus kreisen näher an der Sonne als die Erde, weshalb wir sie immer nah der Sonne am Himmel sehen.

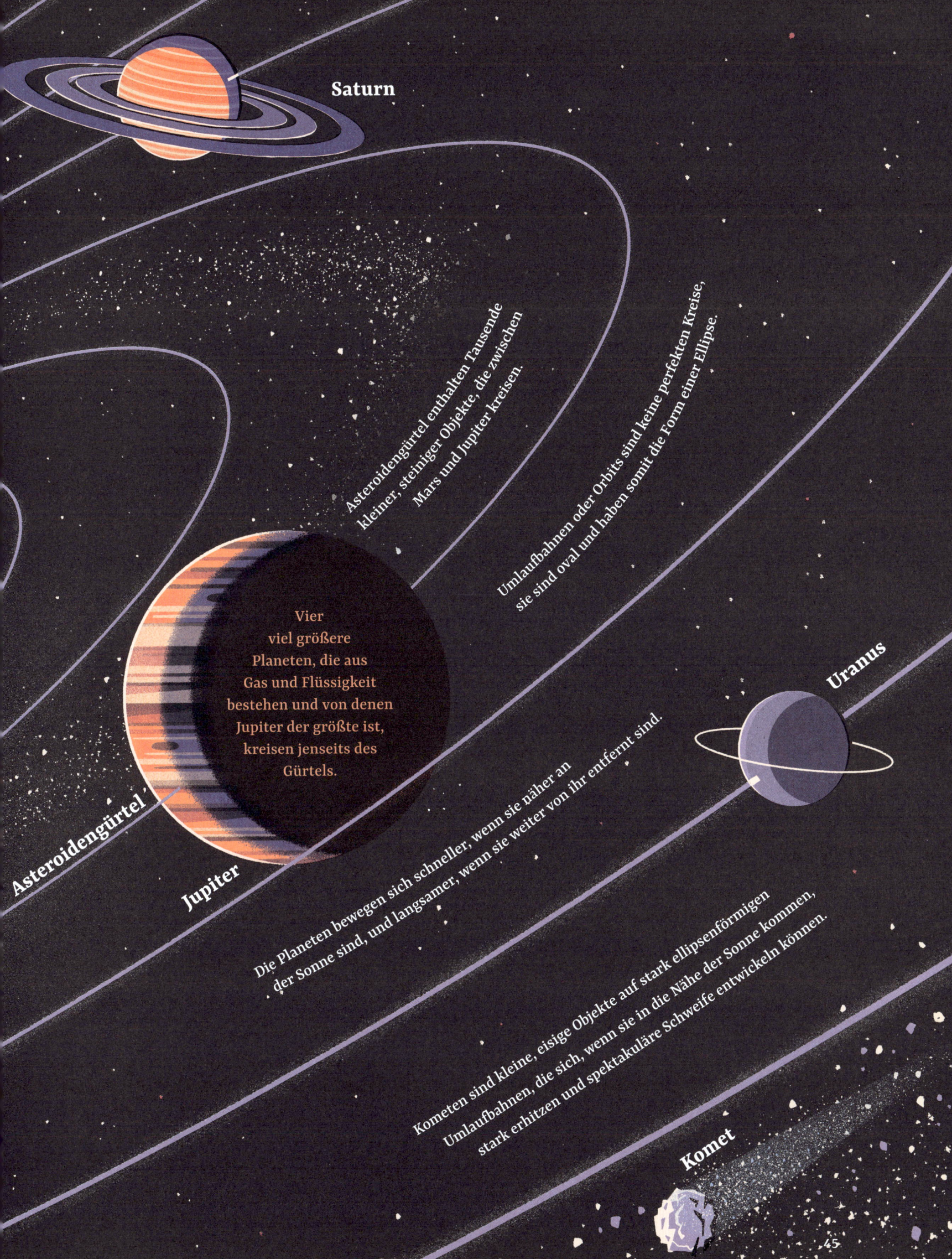

Saturn

Asteroidengürtel enthalten Tausende kleiner, steiniger Objekte, die zwischen Mars und Jupiter kreisen.

Umlaufbahnen oder Orbits sind keine perfekten Kreise, sie sind oval und haben somit die Form einer Ellipse.

Vier viel größere Planeten, die aus Gas und Flüssigkeit bestehen und von denen Jupiter der größte ist, kreisen jenseits des Gürtels.

Uranus

Asteroidengürtel

Jupiter

Die Planeten bewegen sich schneller, wenn sie näher an der Sonne sind, und langsamer, wenn sie weiter von ihr entfernt sind.

Kometen sind kleine, eisige Objekte auf stark ellipsenförmigen Umlaufbahnen, die sich, wenn sie in die Nähe der Sonne kommen, stark erhitzen und spektakuläre Schweife entwickeln können.

Komet

45

GLOSSAR

aristotelisches/ptolemäisches Weltbild
Weltbild nach Aristoteles/Ptolemäus, das besagt, dass die Erde der Mittelpunkt des Universums ist, um den alles andere kreist, siehe geozentrisches Weltbild

Astrolabium
Scheibenförmiges Messinstrument, das Astronomen ermöglicht, Winkel am Himmel und die Auf- und Untergangszeiten von Objekten genau zu messen

Astrologie
Glaube, dass die Bewegungen von Himmelskörpern Ereignisse auf der Erde beeinflussen oder widerspiegeln

Astronomie
Wissenschaft, die Sterne, Planeten und andere Objekte im Weltraum erforscht

Galaxie
Riesige Wolke aus Sternen, Planeten, Gas, Staub und anderen Objekten, die durch die Schwerkraft zusammengehalten werden. Galaxien haben viele verschiedene Formen, aber viele sind Spiralen

geozentrisches Weltbild
von altgriech. geo = Erde und kentron = Zentrum, die Erde als Mittelpunkt des Universums, siehe aristotelisches/ptolemäisches Weltbild

Gewicht
Eine durch die Schwerkraft erzeugte Kraft, die auf ein Objekt mit einer Eigenschaft namens Masse einwirkt

Gravitation/Schwerkraft
Kraft, die Dinge an sehr große Objekte wie Planeten und Sterne heranzieht

heliozentrisches Weltbild
von altgriech. helios = Sonne und kentron = Zentrum, die Sonne als Mittelpunkt des Universums, siehe kopernikanisches Weltbild

Inquisition
Religiöses Gericht, das von der katholischen Kirche ins Leben gerufen wurde, um Ketzer anzuklagen und zu verurteilen

Islam
Vom Propheten Mohammed zu Beginn des 6. Jahrhunderts gegründete Religion, die sich schnell im Nahen Osten, Nordafrika und schließlich in Südeuropa verbreitete

Jesuiten
Orden der katholischen Kirche, der 1534 gegründet wurde, um die katholischen Überzeugungen zu verteidigen

Ketzer
Person, die nicht an die Lehren einer bestimmten Religion glaubt

kopernikanisches Weltbild
Weltbild nach Nikolaus Kopernikus, das besagt, dass die Erde nur einer von vielen Planeten ist, die um die Sonne kreisen

Krater
Schüsselförmige Delle in der Oberfläche eines Planeten oder Mondes, die üblicherweise entsteht, wenn der Himmelskörper mit großer Geschwindigkeit von einem Gestein aus dem Weltraum getroffen wird

Laute
Musikinstrument mit langem „Hals", Saiten und einem runden Korpus (Körper)

Licht
Energieform, die von bestimmten Objekten produziert wird und die unsere Augen sehen und nutzen können, um die Welt zu interpretieren. Sterne (einschließlich der Sonne) geben Licht ab, das sich strahlenförmig ausbreitet und von vielen Objekten reflektiert wird, weshalb wir sie überhaupt erst sehen können

Linse
Gebogene runde (Glas-)Scheibe, die durchfallendes Licht bricht

Materie
Der Stoff, aus dem alle Objekte im Weltraum bestehen

Milchstraße
Galaxie, in der sich unser Sonnensystem befindet. Die Milchstraße hat die Form einer flachen Spirale, aber da wir uns in ihr befinden, sehen wir die meisten Sterne als Lichtband am Himmel

Mittelalter
Epoche in der europäischen Geschichte (von etwa 500 bis 1500 n. Chr.), als die meisten Länder von Königen und Königinnen regiert wurden, die Kirche sehr viel Macht besaß und alte Schriften als wichtigste Quellen des Wissens erachtet wurden

Nova
Heller „neuer" Stern, der aufgrund seiner explosiven Strahlungszunahme plötzlich am Himmel zu sehen ist

Orbit
(Umlauf-)Bahn eines Objekts (z. B. eines Planeten) um ein anderes (z. B. die Sonne) unter Berücksichtigung der Schwerkraft

Papst
Oberhaupt der römisch-katholischen Kirche

Pendel
Gewicht, das am Ende einer Stange, Kette oder Schnur hin und her schwingt

Planet
Große Gesteins- oder Gaskugel, die um einen Stern kreist und manchmal selbst von Monden oder einem Planetenring umkreist wird

Pulsfrequenz
Beschreibt, wie schnell und kräftig das Herz schlägt und damit, wie gut es dem Körper geht

Reliquie
Gegenstand (z. B. ein Kleidungsstück oder ein Knochen) einer hoch angesehenen Person (z. B. eines christlichen Heiligen), der nach deren Tod aufbewahrt wird, um die Menschen an deren Bedeutung zu erinnern

Renaissance
Epoche in der europäischen Geschichte von etwa 1400 bis 1620, in der Gelehrte und Künstler mit neuen Ideen und Methoden experimentierten

Römisches Reich
Netzwerk von Ländern in Europa, Asien und Nordafrika, das von 27 v. Chr. bis 476 n. Chr. von Kaisern in Rom regiert wurde

Römisch-katholische Kirche
Christliche Kirche, die in Europa vom Ende des Römischen Reiches bis zum Mittelalter besonders mächtig war. Zu Galileos Lebzeiten wurde ihre Vorherrschaft durch den Aufstieg einer rivalisierenden Form des Christentums, des Protestantismus, infrage gestellt

Sonnensystem
Region im Weltraum, die von der Schwerkraft der Sonne und aller anderen Objekte, die um die Sonne kreisen, beherrscht wird.

Stern
Riesiger Gasball, der heiß genug glüht, um Licht zu erzeugen, und schwer genug ist, um andere Objekte in seiner Umlaufbahn zu halten

Sternbild
Von Menschen benannte Muster hell leuchtender Sterne am Nachthimmel

Teleskop
Gerät, das Linsen oder Spiegel verwendet, um Lichtstrahlen von entfernten Objekten einzufangen und ein helleres, vergrößertes Bild direkt vor unserem Auge entstehen zu lassen

Theorie
Eine Aussage darüber, was die Ursache für ein Ereignis sein könnte. Wissenschaftler testen Theorien, um herauszufinden, ob sie der Realität standhalten können – wenn nicht, wird die Theorie korrigiert oder ersetzt

Tierkreis
Breites Band von Sternbildern am Himmel, das in zwölf Teile (die zwölf Tierkreiszeichen) aufgeteilt wurde, innerhalb derer auch die Bahnen von Sonne, Mond und Planeten verlaufen

Urknall
Riesige Explosion, die laut den meisten Wissenschaftlern das Universum vor 13,8 Millionen Jahren begründet hat

Verfolgung
Bezeichnet einen Prozess der Schikane oder Bedrohung einer Person meist aufgrund von politischen oder religiösen Differenzen

Widerspruch
Zwei Erkenntnisse, Schriften etc., die Gegenteiliges besagen und somit nicht beide richtig sein können

Für meinen Dad, der mich immer ermutigt hat,
zu den Sternen zu sehen – G.S.

Für Isaac, Isla und Max, mit besonderem Dank an Chloe – J.W.L.

Laurence King Verlag GmbH
Jablonskistr. 27, 10405 Berlin
www.laurencekingverlag.de

Erstmals erschienen in Großbritannien 2019 bei Wren & Rook

ISBN: 978-3-96244-222-4

Der Laurence King Verlag
ist ein Imprint der
Hachette Children´s Group
Carmelite House,
50 Victoria Embankment
London EC4Y 0DZ

einem Unternehmen von Hachette UK
www.hachette.co.uk
www.hachettechildrens.co.uk

Publishing Director: Debbie Foy
Senior Editor: Liza Miller
Art Director: Laura Hambleton
Für die deutsche Ausgabe:
Übersetzung: Frederik Kugler
Lektorat: Anne Vogel-Ropers

Hergestellt in China, Mai 2021

HIMMELSATLAS &